CUERPOS DE AGUA

ARROYOS

Un libro de Las Raíces de Crabtree

DOUGLAS BENDER
Traducción de Pablo de la Vega

Crabtree Publishing
crabtreebooks.com

Apoyos de la escuela a los hogares para cuidadores y maestros

Este libro ayuda a los niños en su desarrollo al permitirles practicar la lectura. Abajo están algunas preguntas guía para ayudar al lector a fortalecer sus habilidades de comprensión. En rojo hay algunas opciones de respuesta.

Antes de leer:

- ¿De qué pienso que trata este libro?
    - *Pienso que este libro es sobre los arroyos y cómo se ven.*
    - *Pienso que este libro es sobre cómo nacen los arroyos.*
- ¿Qué quiero aprender sobre este tema?
    - *Quiero aprender de dónde vienen los arroyos.*
    - *Quiero aprender qué tan grande es un arroyo.*

Durante la lectura:

- Me pregunto por qué...
    - *Me pregunto por qué puedes beber el agua de los arroyos.*
    - *Me pregunto por qué los arroyos se forman cuando cae mucha nieve o lluvia.*
- ¿Qué he aprendido hasta ahora?
    - *Aprendí que los arroyos tienen rocas.*
    - *Aprendí que los arroyos son cuerpos de agua pequeños.*

Después de leer:

- ¿Qué detalles aprendí de este tema?
    - *Aprendí que los arroyos se encuentran en lugares donde llueve o nieva.*
    - *Aprendí que el agua de los arroyos se mueve alrededor de rocas.*
- Lee el libro una vez más y busca las palabras del vocabulario.
    - *Veo la palabra **arroyo** en la página 3 y la palabra **rocas** en la página 7. Las demás palabras del vocabulario están en la página 14.*

Este es un **arroyo**.

La mayoría de los arroyos son pequeños.

En los arroyos hay
muchas **rocas**.

Algunos arroyos nacen de la nieve.

Algunos arroyos
nacen de la lluvia.

¡Puedes **beber**
el agua de muchos
de los arroyos!

Lista de palabras

Palabras de uso común

algunos	la	nieve
de	lluvia	son
en	los	un
es	muchas	
este	muchos	
hay	nacen	

Palabras para conocer

arroyo

beber

rocas

38 palabras

Este es un **arroyo**.

La mayoría de los arroyos son pequeños.

En los arroyos hay muchas **rocas**.

Algunos arroyos nacen de la nieve.

Algunos arroyos nacen de la lluvia.

¡Puedes **beber** el agua de muchos de los arroyos!

CUERPOS DE AGUA

ARROYOS

Crabtree Publishing

crabtreebooks.com 800-387-7650

In Canada: We acknowledge the financial support of the Government of Canada through the Canada Book Fund for our publishing activities.

Hardcover	978-1-0396-1434-5
Paperback	978-1-0396-1440-6
Ebook (pdf)	978-1-0396-1446-8
Epub	978-1-0396-1452-9
Read-along	978-1-0396-1458-1
Audio book	978-1-0396-1464-2

Printed in the U.S.A./062025/CP20250522

Library and Archives Canada Cataloguing in Publication

Title: Arroyos / Douglas Bender ; traducción de Pablo de la Vega.
Other titles: Streams. Spanish
Names: Bender, Douglas, 1992- author. | Vega, Pablo de la, translator.
Description: Series statement: Cuerpos de agua | Translation of: Streams. | "Un libro de las raíces de Crabtree". | Text in Spanish.
Identifiers: Canadiana (print) 20210231106 | Canadiana (ebook) 20210231114 | ISBN 9781039614345 (hardcover) | ISBN 9781039614406 (softcover) | ISBN 9781039614468 (HTML) | ISBN 9781039614529 (EPUB) | ISBN 9781039614581 (read-along ebook)
Subjects: LCSH: Rivers—Juvenile literature.
Classification: LCC GB1203.8 .B4618 2022 | DDC j551.48/3—dc23

Published in Canada
Crabtree Publishing
616 Welland Avenue
St. Catharines, Ontario
L2M 5V6

Published in the United States
Crabtree Publishing
347 Fifth Avenue
Suite 1402-145
New York, NY 10016

Written by: Douglas Bender
Designed by: Rhea Wallace
Series Development: James Earley
Proofreader: Janine Deschenes
Educational Consultant: Marie Lemke M.Ed.
Translation to Spanish: Pablo de la Vega
Spanish-language layout and proofread: Base Tres
Production manager: Candice Campbell
Prepress technician: Katherine Kantor

Photographs: Shutterstock: irin-k: cover; normaniac: p. 1; pillster: p. 3, 14; Gwoeii: p. 5; Chase Clausen: p. 6, 14; Irina Boldina: p. 8-9; andreiuc88: p. 11; Anton Watman: p. 13, 14

Library of Congress Cataloging-in-Publication Data

Names: Bender, Douglas, 1992- author. | Vega, Pablo de la, translator. Title: Arroyos / Douglas Bender ; traducción de Pablo la Vega. Other titles: Streams. Spanish
Description: New York, NY : Crabtree Publishing Company, [2022 | Series: Cuerpos de agua - un libro de las raíces de Crabtree Includes index.
Identifiers: LCCN 2021024361 (print) | LCCN 2021024362 (ebook) | ISBN 9781039614345 (hardcover) | ISBN 9781039614406 (paperback) | ISBN 9781039614468 (ebook) | ISBN 9781039614529 (epub) | ISBN 9781039614581
Subjects: LCSH: Stream ecology--Juvenile literature.
Classification: LCC QH541.5.S7 B4618 2022 (print) | LCC QH541.5 (ebook) | DDC 577.6/4--dc23
LC record available at https://lccn.loc.gov/2021024361
LC ebook record available at https://lccn.loc.gov/2021024362